漫说宇宙

Universe in Manga

中国科学院网站编辑部 / 著

科学出版社

北京

内 容 简 介

　　宇宙是什么样的？宇宙在做什么？宇宙中有什么规律？人类是如何探索宇宙的？诸如此类的问题，或许在你的脑海里浮现过，甚至你也曾尝试去了解过。事实上，有一群可爱的科学家正在用我们意想不到的方式去探索宇宙奥秘，为人类文明的进步贡献着自己的力量。

　　本书采用漫画图解的形式，通过生动幽默的语言，带领我们跟随科学家一起，轻松愉快地欣赏宇宙的迷人魅力。这里没有深奥难懂的宇宙，只有趣味无穷的宇宙！相信无论是大朋友，还是小朋友，都会边读边笑，爱不释手。快点来翻开它吧，我们一起探寻宇宙的秘密！

图书在版编目（CIP）数据

漫说宇宙 / 中国科学院网站编辑部著.—北京：科学出版社，2024.1
ISBN 978-7-03-076839-1

Ⅰ.①漫… Ⅱ.①中… Ⅲ.①宇宙－普及读物 Ⅳ.①P159-49

中国国家版本馆CIP数据核字（2023）第210327号

责任编辑：侯俊琳　朱萍萍 / 责任校对：韩　杨
责任印制：师艳茹 / 装帧设计：北京美光设计制版有限公司
封面设计：有道文化

科 学 出 版 社 出版
北京东黄城根北街16号
邮政编码：100717
http://www.sciencep.com

北京中科印刷有限公司 印刷
科学出版社发行　各地新华书店经销

*

2024年1月第 一 版　开本：720×1000 1/16
2024年1月第一次印刷　印张：10 1/4
字数：150 000

定价：58.00元
（如有印装质量问题，我社负责调换）

本书编委会

序 一

在当今时代，科学与技术日新月异地发展，给我们带来了无数的奇迹和惊喜。然而，如何让广大公众真正理解和感受到这些科研成果的魅力和价值呢？《漫说宇宙》的出版，就打开了一扇窗，让科研成果更加直观、有趣地展现在大众面前。

《漫说宇宙》集结了近年来中国科学院的官方政务新媒体账号针对中国科学院部分重大成果宣传制作的条漫，是中国科学院高端资源科普化的一次有益尝试。它将科研成果、科学知识等内容，以更加显象化的形式传递给受众，丰富了知识的内涵与层次脉络。同时，通过生动有趣的条漫形式，这本书拓展了知识传播的广度，能够吸引更多公众的兴趣和探索。

内容上，《漫说宇宙》涵盖了多个领域和研究方向。第一章"看看宇宙在做什么"让我们深入了解到一系列重大的天文观测项目及其取得的突破性成果；第二章"模拟宇宙会做的事"则带我们走进科学家的实验室，亲身体验宇宙的奥秘；而第三章"探寻宇宙做事的原则"则深入浅出地解释了一些前沿的科学原理和研究方法。

最后，希望《漫说宇宙》能为读者提供一个全新的视角，让我们一同走进那些平日里难以触及的科研前沿，感受科技的魅力。同时，也期待更多的有志青年能够加入科学前沿探索的行列中来，共同推动我国的科技进步，为人类文明做出更大的贡献。

周法进

2023年11月

序 二

　　作为一名科学家，我时常被问到"为什么我们要探索宇宙？"。每一次，我都会回答："因为宇宙是我们所有的起源，它包含了无数的奥秘，等待我们去探索。"《漫说宇宙》不仅为我们展现了中国科学院近年来在宇宙探索中取得的部分重大成果，更为我们揭示了科学探索背后的无尽魅力。

　　从遥远的星系到微小的基本粒子，科学在试图解答一个又一个具有挑战性的问题。而《漫说宇宙》正是这样一本书，它将那些看似遥远和复杂的科学知识，以生动有趣的方式呈现给读者，让我们能够更加直观地感受到科技发展的速度和深度。随着我国科技创新能力的不断增强，我国的科学家们正努力为全球科学领域贡献出更多的中国智慧，这是每一个中国人都应该为之感到骄傲的成果。

　　科学传播的意义远不止于此。它不仅是传递知识，更是传播一种思维方式。它能够启迪思考，激发好奇心，培养对世界的敬畏和尊重。通过漫画这种形式，科学变得更加亲近、有趣，更容易被大家接受。这样的创新尝试，既能够吸引更多的年轻人走进科学的殿堂，又能让更多的公众从中受益。

《漫说宇宙》仅仅展现了中国科学院成果的冰山一角。实际上，作为国家的科技重镇，中国科学院在各个领域都取得了令人瞩目的成果。我真诚地希望，通过这本书，更多的读者能够对我国的科技创新有更深入的了解，从而更加坚定地支持和参与我国的科技事业，为构建一个更加美好的未来而共同努力。

王贻芳

2023年11月

前 言

多年前中国科学院官方政务新媒体账号刚开始运营的时候，每当我们发布最新的科研进展，总能看到这样的评论：

每个字都认识，但连在一起就不懂了。

虽然不明白在讲什么，但是看上去很厉害的样子。

……

那么多优秀的科研成果，就只能止于大家的顺手点赞了吗？好东西应该被看见，也应该被了解啊！从那时起，这样的想法就萌生了：总有一天，我们要让这些高深的前沿成果变成初中生也能读懂的样子。它们应该成为一粒粒科学的种子，在更多的科学爱好者心中生根发芽。

于是，在暗物质粒子探测卫星"悟空号"发射前，我们下决心要实现这个想法。但是，"从零到一"不是一件容易的事。第一步，啃文献。我们从浩如烟海的文献中选出需要的知识点，把复杂的原理理顺。接下来，寻找一个确切的类比，将原理转换为我们日常生活里能够理解的现象。这是一座从高深艰涩跨越到通俗易懂的桥梁。然后，用浅显幽默的语言和贴切反映科学内容的富有灵魂的手绘表达出来。这三个步骤经常需要反复打磨。小编们一边忍受着"烧脑"的折磨，承担着"过劳肥"的风险，一边心潮澎湃地期待着作品，就像期待自己的孩子出生一样。

后来，等到条漫发布，评论区变成了这样：

看懂了！给文案和绘图加鸡腿。

好有趣，这样的科普请再多来一点。

我会把这个条漫讲给孩子听。

我以后也想进中国科学院去研究这个。

……

这，就是我们小小的私心得以实现的时候。

如果这些条漫能够让一个孩子爱上科学，能够让大家明白科学家们正在做的事，小编们的工作就有了重大的意义。

从2015年制作出第一张条漫至今，我们已经陆续制作了一批条漫。这本书选取了其中有关宇宙探索的部分作品。宇宙，似乎是一个广阔而缥缈的概念，但对它的研究却关乎我们从哪里来、要到哪里去的问题。认识宇宙，可以解释许多曾经困扰人类的现象；利用宇宙自身的规律，可以让我们的生活走向更高效、更发达的未来。

中国科学院网站编辑部隶属于中国科学院计算机网络信息中心，服务中国科学院的科学传播事业。我们第一时间近距离感受中国科技的发展、体会科学家精神的力量，为此感到自豪，并迫切地希望能把这份感动分享给每位热爱科学的读者。

在此，我们要特别感谢中国科学院的科学家们，是他们在中国科技发展的道路上默默耕耘，没有他们的成果，我们天马行空的想法没有办法实现；感谢中国科学院高能物理研究所、国家天文台、紫金山天文台、空天信息创新研究院、物理研究所及中国科学技术大学等单位的老师们对我们在科学描述准确性上的指导。感谢每一位在本书出版过程中给予我们帮助和鼓励的朋友。

中国科学院网站编辑部

2023年11月

目　录

xi

第一章

看看
宇宙在做什么

"看"，是我们了解宇宙最直接的方法。

后来人类发现，借助机器可以"看见"平时"看不见"的光。这些光能给人们带来更多宇宙的信息，甚至用这些"看不见"的光还能去寻找根本不发光的东西，比如暗物质。

2016 年，人们发现了引力波的存在。有人认为引力波可以为我们提供更多"看不见"的信息。人类的视野越来越宽了。

本章就来讲讲最近几年人类用来观测宇宙的机器，以及都用它们来"看"什么。

我又胖 (膨胀) 了!

宇宙

看不见、摸不着的暗物质，也可以被找到吗

在天文学界和物理学界，有一个被科学家称为"世纪之谜"的问题待解，这便是暗物质。有人说暗物质看不到，但科学家们却想了各种办法要"看"到它。2015年12月17日，中国科学院的暗物质粒子探测卫星"悟空号"发射升空，为的就是"看"到暗物质。

几个世纪以来，物理学一直是自然科学的领军者。物理学界特别喜欢用"物理学天空上的乌云"来表示物理学界未能解决的重大难题。

十九世纪的"物理学的天空"上曾经飘过两朵"乌云"。

迈克耳孙—莫雷干涉实验　　黑体辐射实验

最后被以爱因斯坦为代表的一众科学家搞定了。

这都不是事！

至于是怎么搞定的，不是我们今天要讲的。

没想到，好景不长，20世纪末的"物理学的天空"上又出现了新的"乌云"，让全世界的物理学家眉头紧锁。这片"乌云"就是暗物质。

哎呀，怎么又阴天了？

暗物质到底是什么？

20世纪，科学家发现宇宙在不断地膨胀，而且还发现了一个叫宇宙微波背景辐射的东西。

我又胖（膨胀）了！

通过宇宙微波背景辐射，科学家推断出了宇宙的年龄、能量密度和膨胀速度。

科学家发现，如果没有一类新粒子的引力效应比已知粒子的引力效应大，那么宇宙就进化不成现在的样子。

科学家就把这种还没被发现的粒子叫作暗物质。

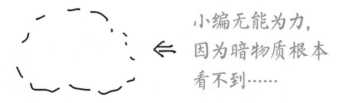

暗物质既不发射光子、不吸收或散射光子，又不参与电磁作用。人们只能通过引力产生的效应感受它的存在。

咦，好像有怪东西跑上来哦！

据推算，宇宙中存在着大量暗物质，约占25%。另有约70%为暗能量。

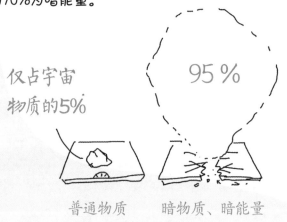

仅占宇宙物质的5%

95％

普通物质　　暗物质、暗能量

所以说，宇宙是"暗"在统治。

宇宙是我们的！

寻找暗物质

人类天生就有好奇心，总爱提出问题，然后解决问题。

四大著名疑问

阿基米德 浮力是啥？

牛顿 引力是啥？

爱因斯坦 时空是啥？

小编 今天吃啥？

有了暗物质的概念，人们就想验证并找到它，然后研究它是啥？它从哪里来？它要到哪里去？

于是，人类开始了寻找暗物质的征程……

目前，寻找暗物质的方法主要有3种：

A. 模拟宇宙大爆炸

利用大型强子对撞机模拟宇宙大爆炸之初的样子，试图发现暗物质。

用对撞机把粒子加速，再让粒子相撞，看看会撞出什么东西来。

B. 探测暗物质粒子与普通粒子碰撞发 出的信号

探测原理有些复杂，我们不用了解。总之，暗物质和普通物质有极小概率会发生碰撞并发出信号。

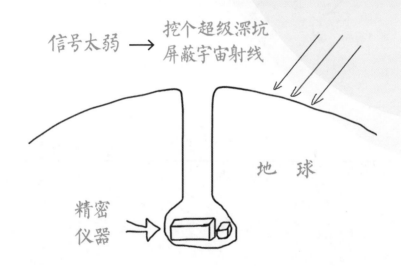

信号太弱 —→ 挖个超级深坑 屏蔽宇宙射线

地 球

精密 仪器 ⇒

因为信号太弱，为了屏蔽宇宙射线的影响，人们一般在地下挖一个极深的坑，把精密仪器放在坑底进行探测。

C. 空间间接探测

暗物质粒子可能会湮灭或衰变。在这个过程中发出的宇宙射线可能被发射到太空中的探测器探测到。

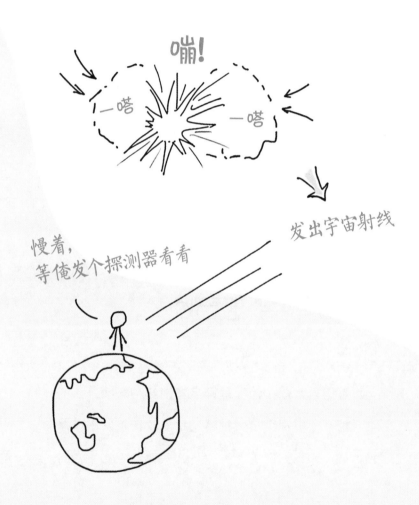

中国科学院的暗物质粒子探测卫星就是采用了空间间接探测的方法，试图找到暗物质的踪影。

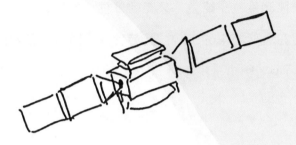

暗物质粒子探测卫星（DAMPE）"悟空号"是我国第一颗空间高能粒子探测器，主要探测电子宇宙射线、高能伽马射线和核素宇宙射线。

这颗卫星的主要科学仪器在重量、功耗、电子学线路的复杂度、工程实现难度方面都超过了以往。并且，很多技术只有中国才有。

哪些技术只有中国才有？

举个例子：

　　探测器最核心的组成部分——锗酸铋晶体（BGO）量能器既能测量粒子能量，又能区分粒子种类。

　　用在量能器中的BGO，此前世界范围内最长的只有30厘米，而中国科学院上海硅酸盐研究所却成功地将晶体做到60厘米长。

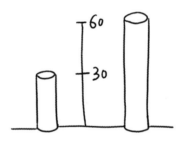

晶体长度（厘米）

探测器的四大组成部分

叫什么	做什么	谁做的
塑闪阵列探测器	测量入射粒子电荷数	中国科学院近代物理研究所
硅径迹探测器	测量入射粒子的方向	中国科学院高能物理研究所 佩鲁贾大学 日内瓦大学
BGO量能器	测量入射粒子的能量，区分入射粒子种类	中国科学技术大学 中国科学院紫金山天文台
中子探测器	区分粒子种类	中国科学院紫金山天文台

找暗物质有什么用？

功利地讲，目前没有什么应用价值。

不过，爱因斯坦等大科学家当年也想不到量子力学和相对论有什么应用价值。但是，今天我们用到的手机、计算机……都离不开这些科学发现。

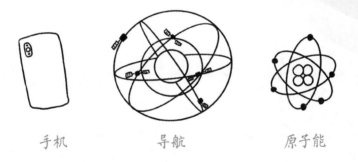

手机　　　　导航　　　　原子能

总之，揭开暗物质之谜，将是继日心说、万有引力定律、相对论、量子力学之后，人们认识自然规律的又一次重大飞跃。

顺便提一句，暗物质粒子探测卫星只是中国科学院空间科学先导专项众多卫星中的第一颗。

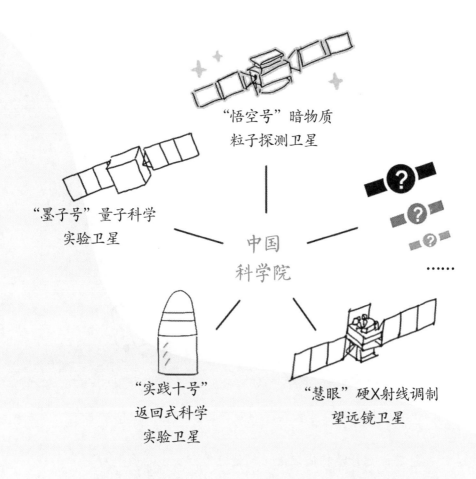

"悟空号"暗物质
粒子探测卫星

"墨子号"量子科学
实验卫星

中国
科学院

"实践十号"
返回式科学
实验卫星

"慧眼"硬X射线调制
望远镜卫星

2015年12月17日，"悟空号"发射升空。现在，"悟空号"仍在太空中寻找暗物质的身影。它获得了哪些成果？让我们接着往下看。

2

或许，你正在见证"物理课本"的改写

"悟空号"暗物质粒子探测卫星于2015年12月17日发射，在轨运行的前530天共采集了约28亿颗高能宇宙射线粒子，其中包含约150万颗25吉电子伏以上的电子宇宙射线粒子。2017年11月，基于"悟空号"的数据，科研人员成功获取了当时国际上精度最高的电子宇宙射线探测结果。

今天我们讲的是"孙悟空大战葫芦娃"的故事。

没事别看盗版书，
咱们能讲点正版的故事不？

其实，"孙悟空大战葫芦娃"的故事正在天上真实上
演着呢！先介绍一下后面要出场的人物：

孙悟空（暗物质粒子探测卫星）　　六娃：隐身娃（暗物质）

中国科学院空间科学先导专项首发星

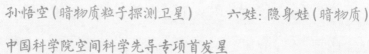

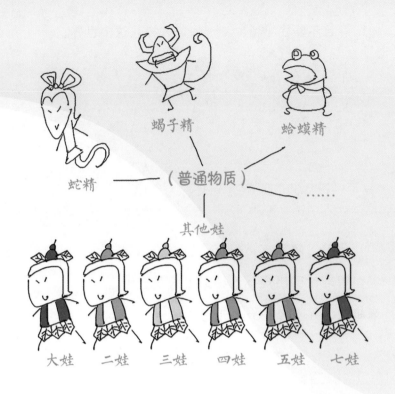

蝎子精

蛤蟆精

蛇精 ————（普通物质）————

……

其他娃

大娃　二娃　三娃　四娃　五娃　七娃

人类自出现以来，一直对身边的物质世界非常感兴趣。

围观群众

并且不断提出新的物理模型去描述这个世界。

目前，随着广义相对论、粒子标准
模型等理论的出现，人类描述的宇宙越
来越接近真实的样子。

不过即便这样，人类也只描述了5%的宇宙的内容。

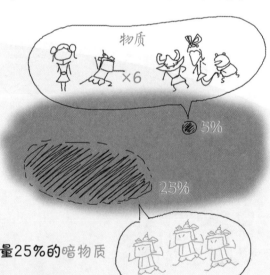

占宇宙总质量25%的暗物质
是人类要描述的下一个目标。

什么是暗物质？

我们已知的物质，基本都受到电磁力的影响。它们要么发光，要么吸收光，要么反射光。

发光

二娃

人类可以通过眼睛或其他设备"看到"它们。

吸收光

二娃

非洲蛙

反射光

二娃

超级赛亚蛙

发光

二娃

六娃

而暗物质不受电磁力影响，所以我们看不到它。

什么暗物质，应该是透明物质！

我们是怎么知道存在暗物质的呢？

自身质量使时空弯曲

根据广义相对论，大质量的暗物质可以让周围的光线弯折。

搬去欧洲
一样晒黑

这种现象就是暗物质导致的引力透镜效应，人类在宇宙中观测到了。

提供额外引力

人类在观测星系旋转的时候，发现所有发光物质提供的引力无法抵消旋转时的离心力。

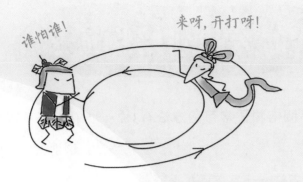

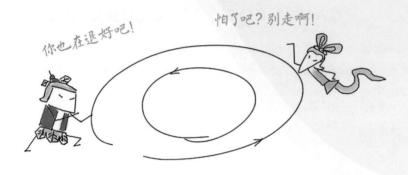

　　人们认为，星系里存在着比普通物质多得多的暗物质在提供额外的引力，来阻止星系解体。

没有暗物质，星系就不存在，人类也就……

怎么找到暗物质？

　　探测暗物质常用的方法有3种：地下实验室直接探测、空间间接探测、对撞机产生暗物质。这里只介绍悟空所用的方法——空间间接探测。

　　根据人类对现有知识的理解，暗物质很有可能是一类新粒子。

暗物质很稳定

暗物质"乖巧"

但偶尔会相撞发生湮灭

完了，没刹住车……

　　湮灭后，可能会产生特定速度的普通物质及其反物质，如正负电子对。

奔跑的七娃

而电子或正电子，我们是可以观测到的。

根据观测到的宇宙中加速的电子（电子射线）就可能找到暗物质的踪影。

来，先记一个公式：

总共的一之前有的=多出来的

我们可以把宇宙中普通物质能够产生的正负电子射线数量，按其所带能量的大小排序，就获得了一条曲线。

"奔跑吧，小兄弟"排行榜

如果我们在多次观测中发现某一速度的七娃数量变多了，而增多的这部分无法用现有的理论来解释，那么很有可能这些奔跑的七娃就来自湮灭的六娃。

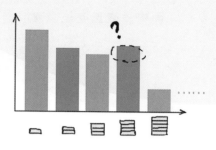

来源

全世界的科学家都希望观测到增加的部分，拼命砸钱发射观测卫星来寻找暗物质的踪影。

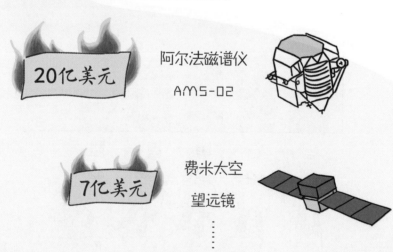

20亿美元　阿尔法磁谱仪 AMS-02

7亿美元　费米太空望远镜
……

如果按投资金额来看，我国的"悟空号"可以算是经济适用型卫星。

身价1亿美元

但"悟空号"独特的设计，却让它的观测性能甩了其他卫星好几条街！

看得更宽

由于技术和卫星大小的限制，其他卫星无法对太电子伏以上的电子射线进行观测，而"悟空号"则第一个对空间进行了最高能段（至4.6太电子伏）的电子谱直接观测。

射线能量太高，亮瞎……

变个墨镜出来~

悟空的电子宇宙射线的能量测量范围比国外的空间探测设备有显著扩大。

看得更细

宇宙射线的种类很多（如加速的质子、加速的氦核、加速的更重的核、加速的电子……）。在众多射线中找出纯粹的电子射线也是保证观测准确性的前提。

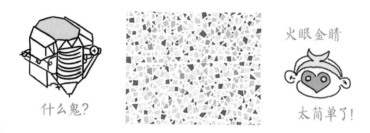

什么鬼？　　　　　　火眼金睛　　太简单了！

"悟空号"使用了我国科学家想到的绝妙分辨方法。因为电子射线带电荷，"悟空号"先分辨出射线是否带电。

在剩下的粒子中，电子的质量又是最轻的，"悟空号"只要分辨出质量最轻的粒子并将其留下来就可以了。

"悟空号"测得的太电子伏电子"干净"的程度最高。

——纯纯的七娃

凭借着"高能宇宙射线测得仔细""不同种类的粒子区分得准"这两个关键技术领先优势，在19个月的时间里，"悟空号"累计探测到约3012个高能粒子。

根据这些数据，我国科学家绘制出当时世界上最精确的电子宇宙射线能谱。

在这个能谱中约1太电子伏的地方可以看到一个清晰的拐折。

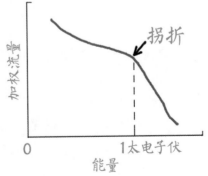

阿尔法磁谱仪AMS-02一直希望精准测量这个拐折，却被"悟空号"抢先绘制出来了。

不好意思，我先做完了

我想精确测量
这个拐折很久了……

这个拐折的精确测量是正确理解低于1太电子伏的电子宇宙射线物理起源的"密钥"。

更令人激动的是，"悟空号"在大约1.4太电子伏处发现了电子射线异常增多的情况。

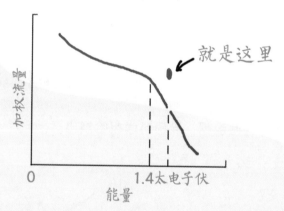

就是这里

0   1.4太电子伏
       能量

这预示着可能存在一种质量为1.4太电子伏左右的尚未被发现的新粒子。

这极有可能就是人类一直在寻找的

暗物质

天上的广场舞，比你想象的更热烈

太空看似平静，其实黑洞、中子星等高能天体的强引力、高磁场及剧烈的高能爆发现象一直在天上上演。2017年6月15日，我国自主研制的首颗X射线天文卫星"慧眼"发射成功。有它的帮助，人类将大大加深对这些天体的认识。

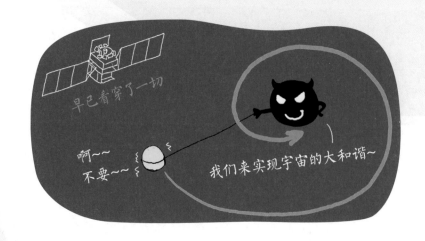

硬X射线调制望远镜卫星（HXMT）是中国科学院空间科学先导专项的第四颗星。

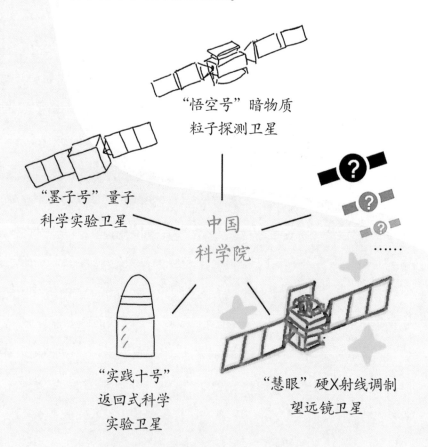

HXMT将研究：黑洞 、中子星 等天体，以及伽

马射线暴 等高能爆发现象。

HXMT为什么叫硬X射线望远镜？

它又是如何研究这些天体的呢？

这得从电磁波说起。话说，电和磁这两个"老人"相

互作用，开始"尬舞"。

一边尬广场舞，
一边在空间里前进，
就形成了电磁波。

电磁波和广场舞的相似之处在于：

频（节）率（奏）

当特定频率的电磁波入射到我们的眼睛里时，我们就

能看到相应的东西。我们把这部分电磁波叫作可见光。

31

"跳的舞步舒缓"，"大爷""大妈"就看起来偏红。

来点激烈的

再激烈一点，"大爷""大妈"就看起来偏紫。

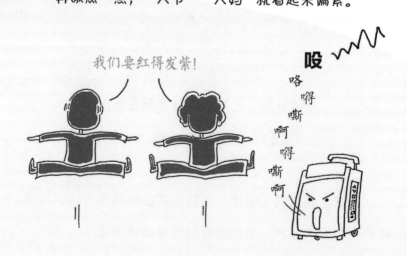

32

越激烈，消耗越大，就代表能量越大。当曲子更激烈的时候，我们的眼睛就无法看到"大爷""大妈"了，因为脱离了可见光的范围……

年 今 过 节 不 收……

等等，人呢……

我们把电磁波按照频率由低到高排列一下。

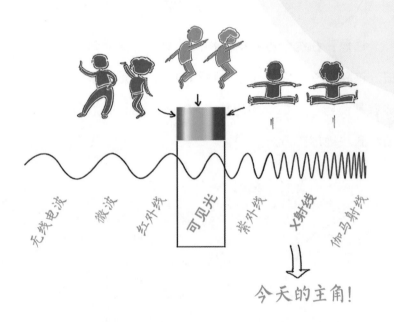

无线电波　微波　红外线　可见光　紫外线　X射线　伽马射线

今天的主角！

X射线根据频率由小到大，分成极软X射线、软X射线、硬X射线、极硬X射线。X射线因为频率高、能量大，获得了一种能力——穿透力。

HXMT就是利用它的穿透力而进行天体研究的，如观测宇宙中最奇特的天体——黑洞。

当物质被黑洞的引力俘获后，一般会沿着螺旋线掉入黑洞，最终被黑洞吃掉。

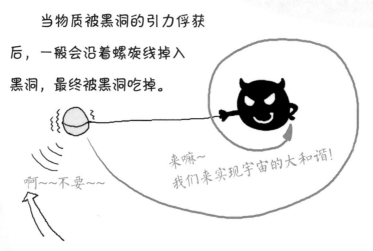

啊~~不要~~

来嘛~
我们来实现宇宙的大和谐！

注意：在这个过程中，物质的引力势能会转换成电磁波。这种电磁波包含了各种频率的波，但是频率低的电磁波容易受到星际尘埃的遮挡。X射线由于穿透力强，可以顺利到达地球附近。

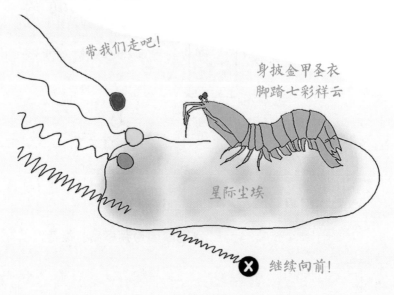

带我们走吧！

身披金甲圣衣
脚踏七彩祥云

星际尘埃

X 继续向前！

这样我们就可以观测到X射线了吗?

并不能……

尽管X射线具有很强的穿透力,但它却被地球浓密的大气层吸收了。

如果没有大气层吸收X射线,那么地球表面的生命就不存在了。

所以,最好的办法就是发个卫星上去!

X射线波段的天文观测一直受到科学家们重视。中国的HXMT发射后，同时会有不同国家的10颗左右的X射线天文卫星在天上工作。

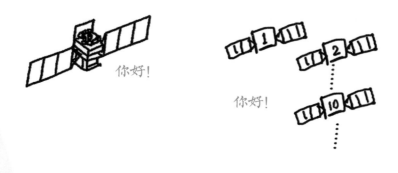

那么，已经有那么多颗X射线天文卫星了，为什么我们还要发射自己的卫星？

因为

HXMT有个绝话：宽波段大天区X射线巡天。

一般的聚焦X射线望远镜的视场很小，只能盯着一小块天空区域。

喂，我这炸了！

那块儿都炸了啊！
薅羊毛不能光从
一个地儿薅啊！

这块还没看完呐！

我国科学家提出了一种"物美价廉"的方法——直接解调成像方法，可以用非聚焦的准直型望远镜对某个较大范围的天区进行扫描成像。

尽收眼底

厉害了！

HXMT将实现大天区、大有效面积的宽波段的X射线巡天。

第一章　看看宇宙在做什么

除了大天区巡天，HXMT还有很强的定点观测能力，
研究单个目标天体是一把好手。

复习一下，物质在掉入黑洞的过程中会发出X射线。
越接近黑洞，释放的X射线能量越大。

HXMT可以观测到物质在整个掉落过程中发生的宽波
段X射线流量和光谱变化，以此来了解黑洞吸引物质的物
理过程。

开发出新的伽马射线暴观测模式。

伽马射线暴是仅次于宇宙大爆炸的爆发现象，它可能
是两颗邻近的致密星体（黑洞或中子星）并合而产生的。

在最初设计中，HXMT只设计了巡天和定点两种观测模式。为了观测伽马射线暴，HXMT进行了再次开发。

我国科学家用了一个非常巧妙的想法，在没有改动卫星硬件的情况下，使HXMT成了国际上硬X射线/软伽马射线能区最灵敏的伽马射线暴探测器。

发射自己的X射线天文卫星还有个理由——自主。你想用别人家的机器，要不要先打声招呼？

也得我们同意才行

作为我国第一个自主研制的X射线天文卫星，HXMT采用国产化器件，对相关学科和产业起到积极的推动作用，同时也推动了中国天文学研究的发展。

在晴朗的天空下，人类社会中跳广场舞的"大爷""大妈"都回家了。你以为这样就安静了？

其实，天空中热闹着呢！

喂！是谁发出的引力波？

振动哪来

不久前，人们发现了"引力波"的存在。2020年12月10日凌晨，引力波暴高能电磁对应体全天监测器（GECAM）卫星发射成功。由两颗小卫星组成的GECAM卫星，对引力波伽马暴、快速射电暴高能辐射、特殊伽马暴和磁星爆发等高能天体爆发现象进行全天监测。

2020年，12月10日凌晨，GECAM（中文昵称"极目"）卫星升空啦！

"小极"

这是
中国科学院
空间科学先导专项
第二期
的首颗科学卫星

"小目"

咦，不是有两颗么？

它们要寻找的是：引力波电磁对应体

电磁对应体是什么?

打个比方:

周末的早晨,

当你还躺在温暖的床上,

突然被一阵

"直通灵魂"的振动声叫醒,

广场舞开始了!

这时你看到的

开心的"大爷""大妈"就是

广场舞电磁对应体。

你是我天边最美的云彩

光是电磁波

GECAM卫星要寻找引力波电磁对应体，就是要看到能够形成引力波的星球所发出的光。

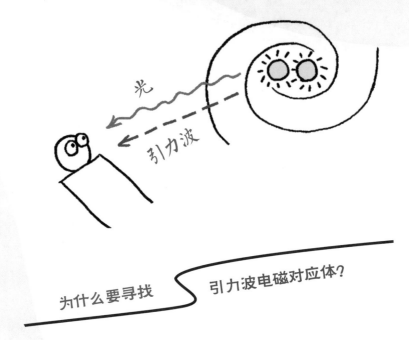

光

引力波

为什么要寻找　引力波电磁对应体？

人类想知道引力波产生、发展的过程，"看见"非常重要。

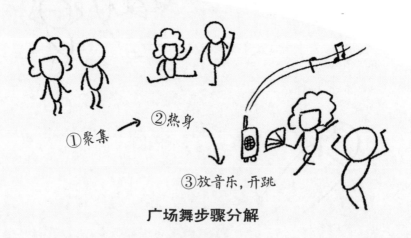

①聚集　→　②热身

③放音乐，开跳

广场舞步骤分解

2015年，人类首次探测到来自两个黑洞合并的引力波信号。

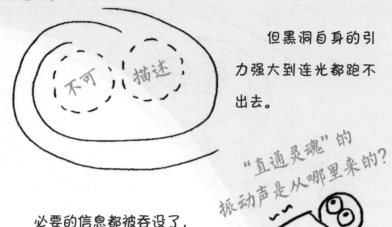

但黑洞自身的引力强大到连光都跑不出去。

必要的信息都被吞没了，给引力波研究带来了困难。

黑洞到底做了什么?看不清······于是人们想找到轻一些的、可以产生足够观测到引力波的、能发光的星球。

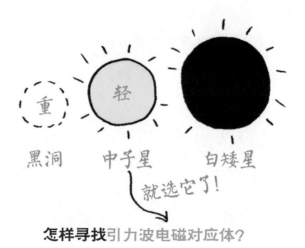

怎样寻找引力波电磁对应体?

2017年，人类探测到首个双中子星合并产生的引力波。

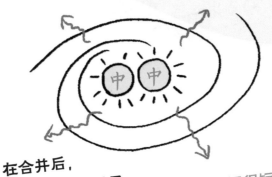

在合并后，
这两颗中子星还发射了
短伽马射线暴
（一种特殊的高能电磁波）

持续时间很短，
罕见。

所以，科学家认为发射了短伽马射线暴的天体极有可能产生引力波。

可能成为引力波高能电磁对应体。

目前在运行的伽马射线望远镜都不是专门为观测引力波相关的短伽马射线暴而设计的。

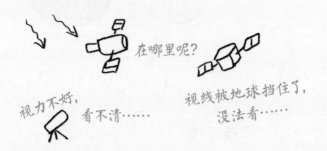

在哪里呢？

视力不好，
看不清……

视线被地球挡住了，
没法看……

为了更精准地找到引力波高能电磁对应体，GECAM
诞生了！

**GECAM主要观测
各类高能天体爆发现象。**

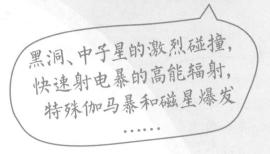

黑洞、中子星的激烈碰撞，
快速射电暴的高能辐射，
特殊伽马暴和磁星爆发
……

由于卫星轨道高度限制，地球往往会遮挡一部分天
空。为了观测全天随机发生的引力波事件，GECAM采取
双星模式。

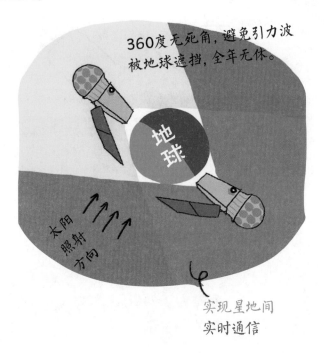

360度无死角，避免引力波
被地球遮挡，全年无休。

地球

太阳照射方向

实现星地间
实时通信

一旦发现疑似目标，第一时间通知全世界的科学家利用各种观测设备对目标天体进行联合观测。

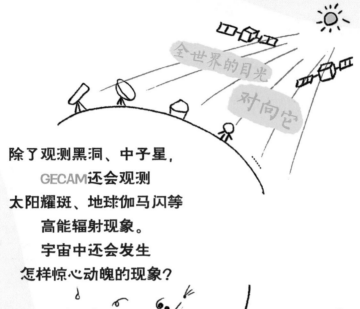

全世界的目光对向它

除了观测黑洞、中子星，
GECAM还会观测
太阳耀斑、地球伽马闪等
高能辐射现象。
宇宙中还会发生
怎样惊心动魄的现象？

让我们拭目以待。

"小极"：
地球上引力异常，
快寻找电磁对应体!

"小目"：
别误会，
那是为了做专题
狂吃的小编们……

5

仰望星空的同时，别忘了
俯瞰大地

　　人类利用卫星遥望太空的同时，也会回过身关注我们生存的地球。2021年11月5日，中国科学院研制的"可持续发展科学卫星1号"（SDGSAT-1）发射升空。这是全球首颗专门服务联合国《改变我们的世界：2030年可持续发展议程》的科学卫星，是我国可持续发展大数据国际研究中心（CBAS）规划的首发星。我们来看看这颗卫星是研究什么的吧！

"可持续发展科学卫星1号"是由中国科学院"地球大数据科学工程"先导科技专项研制，是我国可持续发展大数据国际研究中心规划的首发星。

2015年，第70届联合国大会上通过了《改变我们的世界：2030年可持续发展议程》。

包括17项可持续发展大目标、169个具体目标

希望在2030年前完成这17项可持续发展大目标，使人类全面走向可持续发展的道路。

然而几年过去了，这些目标还面临着一大挑战——缺数据。

数据有多重要？

发过朋友圈的人都知道……

这种烦恼来自对数据的不当利用。而可持续发展目标同样需要数据的支撑。

为何可持续发展缺数据？原因很多：

1 有的地方人手不够……

都去种地了
没空弄别的

2 各地发展不均衡……

听不懂

3 有些被"遗弃"的地方也不方便获得数据……

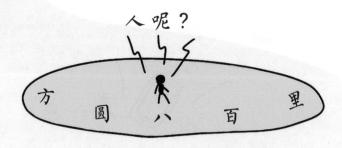

SDGSAT-1是全球首颗专门服务联合国《改变我们的世界：2030年可持续发展议程》的科学卫星。它为人类可持续发展提供数据，对"人类活动痕迹"进行精细刻画。

为了做到"精细刻画"，SDGSAT-1自有"武功"：

画得更细

为了掌握更多的细节，卫星的空间分辨率很重要。

举个例子：

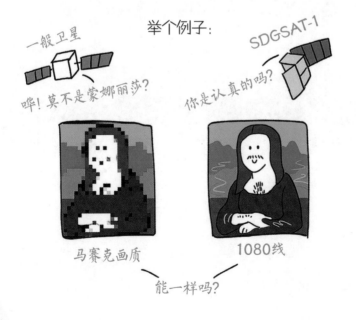

一般卫星

SDGSAT-1

哇！莫不是蒙娜丽莎？

你是认真的吗？

马赛克画质

1080线

能一样吗？

SDGSAT-1拥有目前同类卫星中较高的分辨率。

② 效率更高

比如，卫星需要绕地球拍摄完成一幅全球图像：

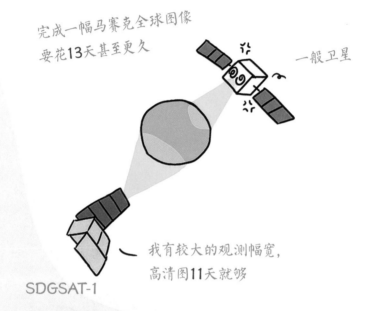

完成一幅马赛克全球图像
要花13天甚至更久

一般卫星

我有较大的观测幅宽，
高清图11天就够

SDGSAT-1

SDGSAT-1 可以做什么？

*进行微光条件探测

夜间的数据很重要，但是由于观测条件限制，以前的卫星缺少这部分数据。

举个例子：当健身教练试着找出小编瘦不下来的原因时

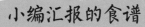

同样，可持续发展也需要夜间的数据。

SDGSAT-1卫星可以利用微弱的光观测夜间的人类活动和极地冰雪变化。

夜间灯光　　夜间颗粒物污染

极地降雪　　冰雪覆盖情况……

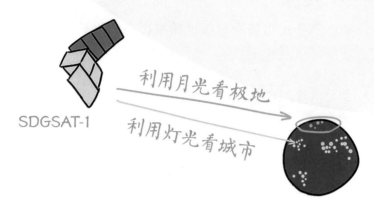

SDGSAT-1

利用月光看极地

利用灯光看城市

*研究近海、海岸带生态和人类活动影响

人类文明进步发展的一个重要区域就是：

水边

有吃有喝
交通、购物方便

河边、海边往往是人类活动频繁的区域，也是情况复杂、研究起来很麻烦的区域。

土地利用复杂
海岸带破碎
海岸带红树林
近海养殖产业情况
生态系统多样化
陆源污染

获得这部分数据是SDGSAT-1此次的重点任务之一。在观测同一个区域时，SDGSAT-1可以看到更多细节。比如，观测某条河的污染情况：

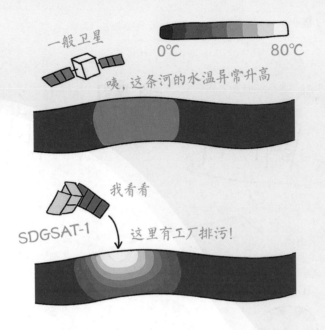

一般卫星

0℃　　　　　　　　80℃

咦，这条河的水温异常升高

SDGSAT-1

我看看

这里有工厂排污！

*研究生物多样性与生态系统

森林怎样、土地怎样、湖有没有变小、生物都去哪里了……

进村看看

这片树林快秃了

又来一个……

我这里树多

*研究人居环境、城乡发展情况

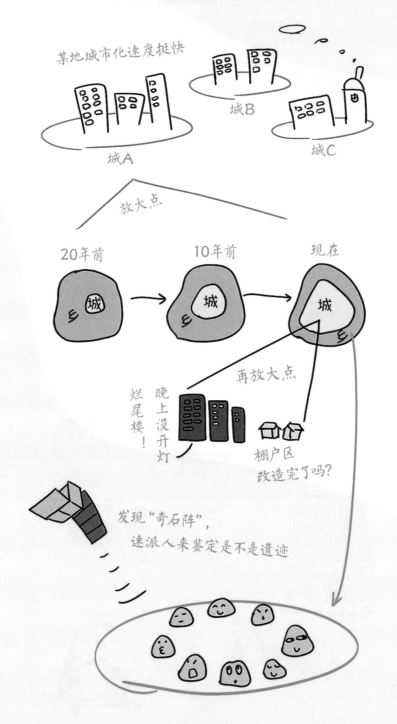

某地城市化速度挺快

城B

城A

城C

放大点

20年前 → 10年前 → 现在

城 城 城

再放大点

烂尾楼！晚上没开灯

棚户区改造完了吗?

发现"奇石阵"，
速派人来鉴定是不是遗迹

SDGSAT-1精细、高效，还能24小时全天候观测，提供夜间数据。更重要的是，我们承诺SDGSAT-1的

所有数据　全球共享

不用充会员，免费

这是中国对全人类发展做出的具体贡献。

期待SDGSAT-1为缩减全球可持续发展不平衡和区域间的数字"鸿沟"做出表率和贡献。

　　身边的东西是由什么组成的呢？我们把东西拆解一下，看看都有哪些零件，再试试把拆下来的零件拼回去，或者干脆拼出一些新的东西。人类学着宇宙的样子，模拟宇宙能做的事。比如，建造各种奇妙的设备，用来模拟宇宙严苛的物理条件，有时甚至不惜另建一个"宇宙"。

　　本章要介绍的是几个人类模拟宇宙做事的例子。

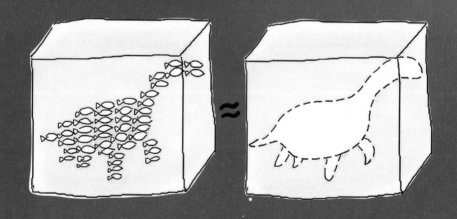

模拟

宇宙会做的事

1

每天都有数以万亿计的"它"以光速穿过我们的身体

通 缉 令

知道太多宇宙秘密的人

！重金悬赏！

中微子

不带电、质量极小、几乎不和其他粒子发生相互作用。可在铅中飞行一光年而不与任何原子发生作用。

注：十几厘米厚的铅板可以挡住核辐射

中微子是一种基本粒子，它在微观的粒子物理和宏观的宇宙起源及演化中同时扮演着极重要的角色。中国科学院的科研人员于2003年提出设想，利用我国大亚湾核反应堆群产生的大量中微子来研究中微子的特性。2012年，大亚湾中微子实验室发现了中微子振荡新模式。这一发现也获得了2016年的国家自然科学奖一等奖。

大亚湾中微子实验

发现的中微子振荡新模式

获得2016年的国家自然科学奖一等奖

中微子是什么？
和我们又有什么关系？

没有中微子，就不会有地球上的生命。

当然也不会有这本书。

有了它的参与，恒星内部才产生了核反应，才能释放光和热。

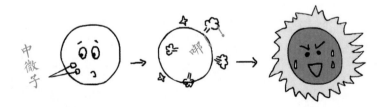

第二章 模拟宇宙会做的事

同样因为有了它的参与，超大恒星死亡时才合成了比铁更重的物质，并把它们抛向了宇宙。

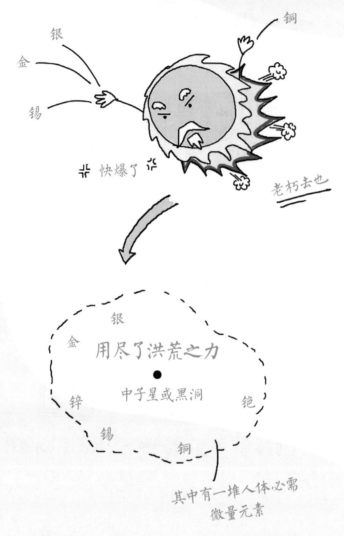

中微子是一种很小的粒子，我们感觉不到它的存在，更看不到它。

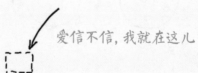

每时每刻都有数以万亿计的中微子以光速穿过我们的身体。

筛子本人↑

很多中微子来自太阳内部的核反应。由于中微子可以轻易穿过地球，因此它们出行不分白天和黑夜。

大多数粒子物理和核物理过程都伴随着中微子的产生。

太阳聚变　　带电粒子撞击地球大气

高能粒子加速器　　核反应堆

还有一个再熟悉不过的中微子源：

你本人

人体每天大概会发出4亿个中微子

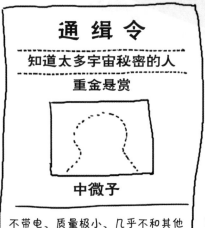

通 缉 令

- -
知道太多宇宙秘密的人
- -
重金悬赏

中微子
___

不带电、质量极小、几乎不和其他粒子发生相互作用。可在铅中飞行一光年而不与任何原子发生作用。

注:
十几厘米厚的铅板可以挡住核辐射

不过中微子在穿过物质时还是会偶然与物质的原子核发生碰撞并发出电子。

如果你的运气足够好,在一生中穿过你身体的中微子中可能会有一颗中微子与你的身体中的某个原子发生相互作用。

如何捕捉中微子呢?

→ 挖个坑,灌点水 ←

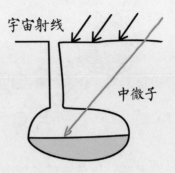

宇宙射线

中微子

在捕捉中微子时，科学家通常会在地下挖一个大水池

当中微子和水中的原子核发生碰撞时会发出电子。

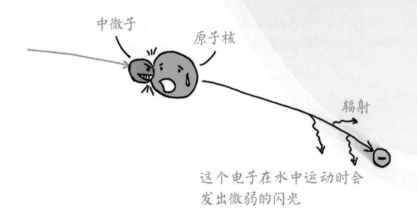

中微子

原子核

辐射

这个电子在水中运动时会发出微弱的闪光

发现这个闪光，中微子就被找到啦!

通过这种方式，科学家捕捉到宇宙中的三种中微子。

电子中微子　　　μ中微子　　　τ中微子

太阳核聚变只产生电子中微子 ◯，但人们发现太阳产生的电子中微子到达地球的数量比预想的要少。

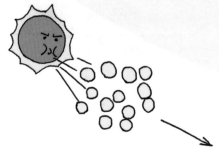

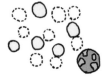

其实，到达地球的中微子的数量没变少，只是有一部分变身了。

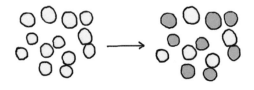

这种变化就是中微子振荡，中微子振荡也有三种。

此前，科学家已经发现了两种中微子振荡：

太阳中微子振荡

大气中微子振荡

2012年，大亚湾中微子实验发现了最后一种中微子振荡，并精确给出了至关重要的一个混合角参数 θ_{13}。

反应堆中微子振荡

寻找最后一种中微子振荡的竞争非常激烈！

大亚湾中微子实验室的地理位置得天独厚：

■ 大亚湾有大型核反应堆群，可提供大量中微子。

■ 反应堆附近有高山，可在其中建实验室。

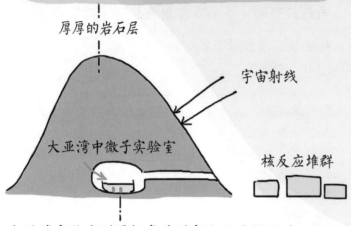

世界上其他能够做中微子实验的反应堆附近都缺乏为实验装置提供宇宙射线屏蔽的岩石层

厚厚的岩石层

宇宙射线

大亚湾中微子实验室

核反应堆群

大亚湾实验室利用极高透明度的液体闪烁体和高灵敏度的光电倍增管探测中微子

大亚湾中微子实验不但为未来中微子研究指明了方向，更为解释宇宙中物质和反物质不对称性问题提供了重要启示。

按照大爆炸理论，在宇宙诞生之初，物质与反物质应该一样多。

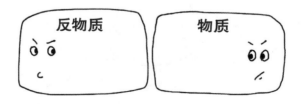

反物质

物质

但为什么物质最终统治了世界?

有迹象表明，中微子在里面起到了重要的作用。另外，中微子振荡也预示着中微子有质量。

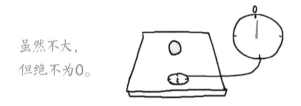

虽然不大，但绝不为0。

但目前的理论都无法解释中微子为什么有质量。

目前的理论（不支持中微子有质量）

摔!
还让不让人活了!

中微子这多出来的一点点质量将会是建立新的粒子理论的重要线索。

所以……

胖子改变世界

这是一个不太悲伤的故事

2020年12月12日，大亚湾中微子实验室完成了它的历史使命正式退役，中国乃至全人类对中微子探索的重任交给了江门中微子实验室。

如果有一样东西（比如工资 ¥），你得到的比自己预想的要少，你会……

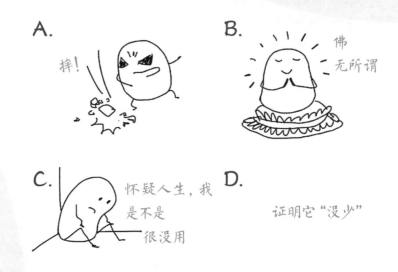

A.
摔!

B.
佛
无所谓

C.
怀疑人生，我
是不是
很没用

D.
证明它"没少"

选择D的朋友们，恭喜你们，你们有做科学家的潜质！在研究中微子的时候，科学家就把中微子给"弄丢了"。结果，他们选择D（证明它"没少"）还做了一大堆实验研究"没少"的过程。

中微子

是宇宙中数目最多的粒子之一。

它就像一个了解宇宙秘密的间谍。

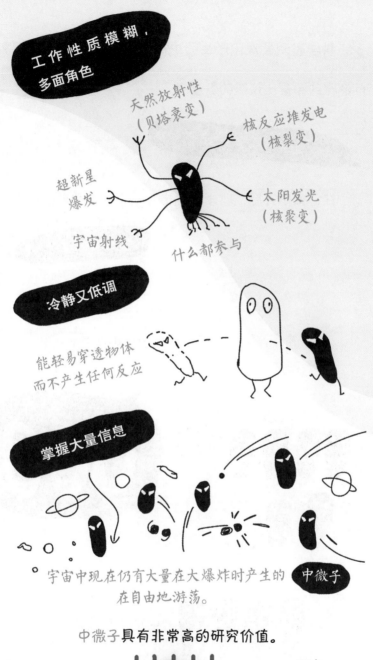

工作性质模糊，多面角色

天然放射性
（贝塔衰变）

核反应堆发电
（核裂变）

超新星爆发

太阳发光
（核聚变）

宇宙射线

什么都参与

冷静又低调

能轻易穿透物体
而不产生任何反应

掌握大量信息

° 宇宙中现在仍有大量在大爆炸时产生的 **中微子** 在自由地游荡。

中微子具有非常高的研究价值。

抓起来！！

把宇宙的秘密说出来！

科学家测量太阳产生的中微子  数量时，发现实

际测得的数量比预测的数量少了。

还有中微子在逃？

在仔细研究后，科学家提出了一个大胆的想法：

选D，没少！

中微子没有丢！

并且，科学家给出了一个新的解释：

太阳产生的中微子变成其他形式的中微子！

太阳中微子

中微子有三种

而观测装置只对一种
中微子敏感……

这几个测不到

这种中微子变化的现象叫中微子振荡。

中微子振荡一共有三种。第三种中微子振荡就是由大亚湾中微子实验装置发现的。

发现第三种中微子振荡的竞争非常激烈，
各国科学家纷纷提出研究方案。

美国2　　　　　俄罗斯　　韩国

美国1　　法国

美国1　巴西　　　　　　　日本

中国

如此激烈的竞争，大亚湾中微子实验室为什么能获胜？

地点很重要

大亚湾中微子实验室建在紧邻核电站的大山中

划重点

中微子有极低的可能与物质发生碰撞而形成新的物质，发出微弱的光。

科学家就是靠这点微弱的光找到它的。

大意了……

第二章　模拟宇宙会做的事

核电站在发电时，能够释放巨量的中微子。

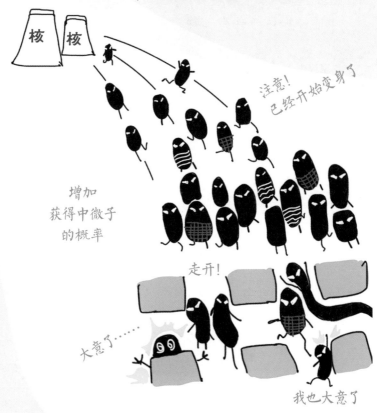

在探测器捕捉中微子发出的光时，仪器往往会接收到来自大气及宇宙其他地方的信号。

将实验室建在大山中央，厚厚的山体可以挡住其他干扰信号（去掉来自大气、宇宙其他地方的射线）。

有些地方有足够大的山，但没有大功率的核电站；有些地方有大功率核电站，但没有足够大的山。

只有大亚湾刚好具备了这两样，
大大降低了实验难度。

光有大山还不行，大山本身也有天然的放射性

为了把其他干扰减到最小，科学家把中微子探测器放到装满纯净水的大水池中。

水不断循环
保持纯净，
并加入氮气以
避免产生细菌

周围放置
探测其他粒子的装置

再盖上盖板，拉上拉锁
……

周围很安全了，来，安心工作吧!
等等!

不确定性因素

大亚湾中微子实验还有一个最大的不确定性因素。

探测器的核心

装有特殊的液体——液体闪烁体。

中微子和它发生碰撞，放出光。

科学家希望这种液体：

超透!
光可以轻松通过

反应产物
放出更多的光

然而，科学家发现如果放入辅助探测反应产物的物质，液体很难保持长时间透明。

光被卡住

浑浊
沉降……

过一段时间就要更换，这样就会大大影响实验进度。

莫慌!

中国科学院高能物理研究所早在实验室建设前就已经开展攻关，自主研发出新型掺钆液体闪烁体。

高探测效率 √

高透明度 √

高稳定性 √

消除了大亚湾中微子实验最大的不确定性。

小而精

由于中微子过于"冷感"，因此中微子探测器往往被做得非常大。

日本的中微子探测器——超级神冈

注个水要两周

先睡为敬

大亚湾中微子实验室把探测器变小，放在山体的不同位置。

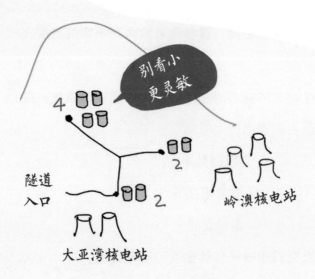

别看小
更灵敏

4

2

2

隧道
入口

岭澳核电站

大亚湾核电站

可以比较不同探测器中的细微差异，还能缩短工期。

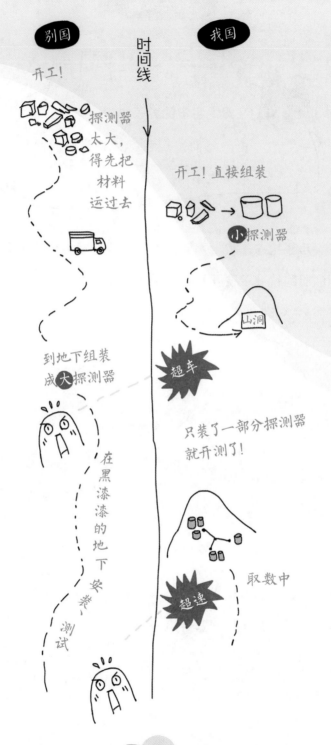

第二章　模拟宇宙会做的事

抢先取数

在探索宇宙的竞争中没有
第一时间发现目标，拥有再精良的
装备也没用。

为了抢占先机，大亚湾中微子实验室在只装配了部分探测器的情况下便开始数据采集工作了。

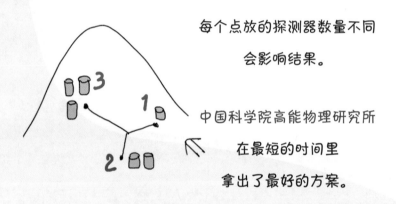

每个点放的探测器数量不同
会影响结果。

中国科学院高能物理研究所
在最短的时间里
拿出了最好的方案。

就这样，2012年3月，大亚湾中微子实验室宣布发现中微子振荡的新模式。三个星期后，韩国公布数据。一年后，法国发布全探测器结果。

在八个探测器全部运行后，大亚湾中微子实验室将中微子振荡参数的测量精度又提高了一个数量级。

2018年　　　　　2021年

3.4%　　　　　　20%

在可以预见的未来，大亚湾中微子实验的测量精度不会被其他实验超越。大亚湾中微子实验使我国的中微子研究从无到有，跨入国际先进行列。

成果列表

☐ 2012年，在国际上首次发现中微子振荡新模式。

☐ 首次测定中微子振荡参数Δm^2_{ee}。

☐ 精确测量反应堆中微子能谱。

☐ 寻找惰性中微子。

☐ 反应堆中微子事例率和能谱随核燃料演化的演化。

☐ 利用大亚湾中微子探测器完成了江门实验的液闪预研。

☐ ⋯⋯

更为后续江门中微子实验的设计提供了线索和宝贵经验。

给你研究清单

收到！

2020年12月12日，大亚湾中微子实验室完成了它的历史使命，正式退役，把中国乃至全人类对中微子探索的重任交付给江门中微子实验室。

更多惊喜

敬请期待

3

两个带电粒子相遇时碰撞出的不只是火花

人类利用电子对撞机可以把物质拆分成细小的颗粒。北京正负电子对撞机（BEPC）是我国的第一台高能加速器，是研究τ-粲物理的大型正负电子对撞实验装置。为了保持国际领先地位，2004年，北京正负电子对撞机开始进行技能强化。

人类是如何探索微观世界的?

这个过程其实和某个游戏 差不多。

拿炮轰!

科学家利用带电粒子轰击物体，查找里面的内容。

不信轰不开房子!

加速器有很多种:

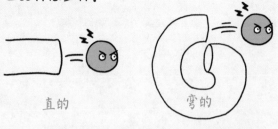

直的　　　　弯的

原理都是应用电磁场加速带电粒子。

说是加速器，其实给本已接近光速的带电粒子的速度不会有太大提升。

不过粒子的能量却不断增加。

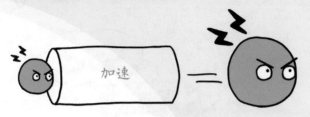

撞击时的力度就很大！

看我的！

所以加速器的本质是给粒子提供更多的能量。

起初，科学家用加速器打固定靶。

你别动，我来！

后来，科学家让炮弹和靶一起加速，便可以在同等条件下获得更大的碰撞能量。

淡定……

这种加速器让两个带电粒子互相碰撞，所以叫对撞机。它的工作原理是这样的：

先用电子枪打出负电子，然后负电子撞击一个金属靶，撞出正负电子对。

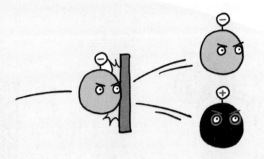

正电子被收集起来，在直线加速器中加速，再进入储存环中。

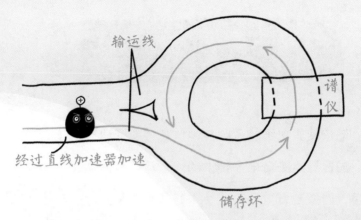

移开转换靶，负电子直接在直线加速器中进行加速，再进入储存环中。

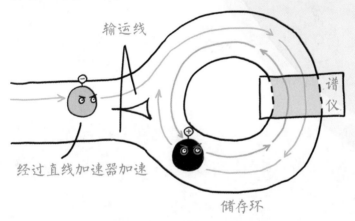

正负电子在谱仪处对撞出次级粒子。

至于为什么正负电子相撞会产生这些东西，原理很复杂，我们就不说了。

谱仪搜集次级粒子的各种信息供科学研究。

加速器给正负电子提供的能量可不是越高越好。在对撞时，如果正负电子的能量刚好是某个基本粒子的质量的两倍。

能量 + 能量 = 2× 质量

这样就更容易获得由这个基本粒子组成的物质。所以，找个目标 比较好。τ 轻子和粲夸克都是基本粒子。

粲物理和 τ 轻子物理是粒子物理的重要分支，是粒子物理研究的富矿。

中国科学院高能物理研究所的北京正负电子对撞机
就是一台研究τ轻子和粲夸克物理的对撞机。

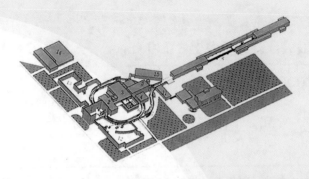

自1988年一投入运行，它就成了这个能区最好的对
撞机。

对撞机的世界"竞争"非常激烈。

如果在同一能区出现性能更好的对撞机，其他对撞机
就会面临关闭或改造的命运。

排行榜

1 中国 BEPC 新品
2 美国 SPEAR 出局
……
……

可以说，对撞机的世界没有第二!

北京正负电子对撞机获得了一系列成就：

获得成就

1992年，τ轻子质量的精确测量

2000年，2~5吉电子伏能区R值测量

> 修正了粒子对撞后产生强子的概率R值，该成果被称为"北京革命"

2003年，发现新粒子X（1835）

◁ 1 ▷

尽管如此，挑战者还是来了。美国的CESRc原本在更高的能区运行，它特意把能量降低到粲物理能区争夺第一名。

为了保持国际领先地位，2004年，北京正负电子对撞机开始进行技能强化：

■ 在加速器的改造上，科学家采取了双环方案，增加了一个储存环，让正负电子在不同的环中加速，成功实现了大流强、高亮度对撞。

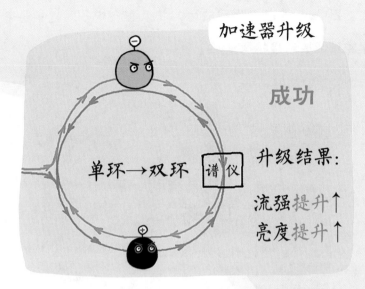

加速器升级

成功

单环→双环 谱仪

升级结果:

流强 提升↑

亮度 提升↑

■ 在探测器北京谱仪的改造上,科学家也实现了一系列关键技术的突破:大型高精度漂移室、大型超导磁体、高流强下的低探测器本底和噪声。

探测器升级

BESⅡ→BESⅢ

成功

升级结果

新型 大型高精度漂移室

新型 大型超导磁体

新型 高流强下的低探测器本底和噪声

2009年改造工程完成后，北京正负电子对撞机重夺粲物理能区对撞机第一名。

排 行 榜

1 中国 BEPC Ⅱ 新品

2 美国 CESRc 出局

⋯⋯

⋯⋯

BEPC Ⅱ投入运行后，又获得了一系列成就：

获 得 成 就

2013年，发现新粒子Zc（3900）

第一次探测到由4个夸克组成的新型强子

2012年，发现新粒子X（2120）和X（2370）

2012年，发现同位旋破坏过程
$$\eta(1405) \rightarrow f_0(980)\pi^0$$

◁1▷

BEPC还催生了中国互联网。

1993年，中国接入世界互联网的第一根网线，就是为了方便交流BEPC的数据。

粒子物理研究和一场电子游戏有类似的地方，需要装备和操作不断升级才能获得胜利。

胜利者将会获得和宇宙对话的机会，了解宇宙的奥秘。

再说一句

北京正负电子对撞机重大改造工程

获得2016年的国家科学技术进步奖一等奖。

第二章　模拟宇宙会做的事

4

来，创造一个"固体宇宙"

　　我们周围存在着很多固体材料，如金属、非金属、超导体等。在适合的磁场、压力、温度下，固体材料里原本杂乱的自由电子产生了一种集体活动的趋势。科学家利用这种特性，在固体材料中模拟出宇宙中可能真实存在的粒子，探索它们的规律。2018年，中国科学院的科学家在固体材料铁基超导体中发现了宇宙中可能存在的马约拉纳任意子。

我们所在的宇宙是由物质组成的，我们熟悉的太阳  、高山 、河流 都是由名叫"费米子"的基本粒子组成的，如我们听说过的电子、夸克等。

费米子有个特点：每个费米子都有一个孪生兄弟——反粒子。电子、夸克等都有一个电荷相反、其他属性相同的反粒子。

马约拉纳费米子则是一种特殊的费米子，它的反粒子就是它本身。

这种奇特的费米子是80多年前被预言的。但直到今天，人类还没有找到它。

没有找到？刚才不是还说发现了马约拉纳费米子吗？

别急，我们先了解一下。

——人—类—如—何—寻—找—新—粒—子—？——

如果说宇宙是一个大鱼塘，那么各种粒子就藏在里面。人类如何发现并研究它们？方法有二：

a. 先发现，再研究形成理论

比如，电子、质子、中子就是先发现、再研究的。

b. 先预言，再去发现它

人们通过合理的推理，预言宇宙中应该存在某种粒子，然后设计方案来寻找它。

中微子、前几年发现的希格斯玻色子，都是先预言再被发现的。

如果像刚才提到的马约拉纳费米子一样，预言了，但始终没找到怎么办？

除了升级抓捕装备，您还可以考虑换个鱼塘再试试。也就是说，如果在我们所在的宇宙找不到的话，可以换一个"宇宙"试试。

这个"宇宙"，科学家们称之为"固体宇宙"。我们周围存在着很多固体材料，如常见的金属、非金属、半导体、超导体等。这些固体材料的内部会有大量的电子。

电子

固体材料的内部结构为它们提供了丰富的环境

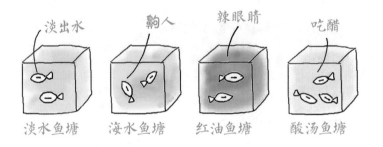

淡出水　　　　鲛人　　　　辣眼睛　　　　吃醋

淡水鱼塘　　海水鱼塘　　红油鱼塘　　酸汤鱼塘

在合适的磁场、压力、温度下，原本杂乱的自由电子产生了一种集体活动的趋势。这种集体的行动就像是一个虚拟粒子在单独行动。

第二章　模拟宇宙会做的事

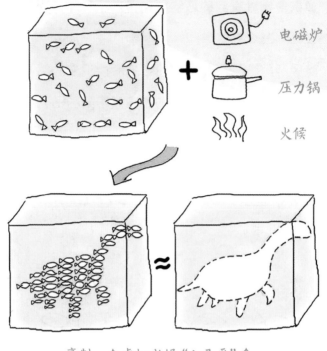

电磁炉

压力锅

火候

烹制一个虚拟水怪"小马哥"↑

我们把这种虚拟粒子叫作"准粒子"。有些准粒子可以被看作宇宙中的真实粒子在固体中的影子。

它们和真实的粒子遵循同样的物理规律，只是行动受限，只能待在固体材料中。

不同的固体材料会为电子提供不同的环境，直接影响最终形成什么样的准粒子。

跑起来！

不……

人类需要做的，就是寻找合适的鱼塘，并在合适的温度、压力、磁场下创造出想要寻找的粒子。

──回-来-说-中-国-科-学-家-的-研-究──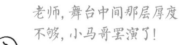

中国科学家在成千上万的已有鱼塘中发现了一个合适的鱼塘——新型铁基超导体。把材料稍加改良后，科学家发现了马约拉纳准粒子。

此前也有研究团队宣称制造出可以产生马约拉纳准粒子的材料。但这些鱼塘制作太复杂，材料要好几种。

这些材料需要在非常低的温度下才能正常工作。

为了维持这种极低温度，只能使用非常昂贵的液态氦-3。想得到足够的氦-3，基本上只有两种可能性：

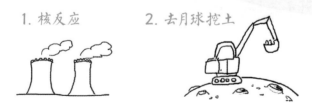

即便材料制作完备、温度控制适宜，材料本身的特性也会产生其他干扰因素，使观测到的结果不够理想。

问题这么多，有没有个打包解决的方案？

中国科学家

没有让你失望

他们挑选了一种会产生马约拉纳准粒子的新型铁基超导材料。简单来说，就是利用单一材料，在比其他复合材料都高的工作温度下，你就能观测到马约拉纳准粒子。

也叫作马约拉纳费米子模(模式)

这是世界上首次做到的。而且这是目前最纯粹的马约拉纳费米子模式。

人们为什么如此热衷于在固体材料中寻找马约拉纳准粒子呢？那是因为，固体材料中的马约拉纳准粒子可以用来开发拓扑量子计算机。

在量子计算机中，存储和处理信息的基本单元叫作量子比特。它允许同时拥有两个量子状态（0和1）。

状态0

状态1

量子比特:
同时拥有状态0和1

第二章　模拟宇宙会做的事

正是由于这种状态的叠加为量子计算机提供了巨大的可利用的信息存储和计算资源。这是由量子力学所决定的。也正是由于量子比特受到量子力学的约束。因此，它会受到局域环境的干扰而导致叠加态消失。

使用者在观测量子比特时，也会造成叠加态消失。因此，使用者无法知道量子比特是不是受干扰了。

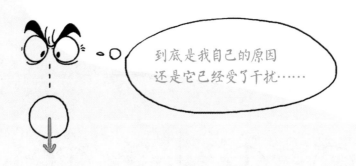

局域环境的干扰是制约量子计算机发展的瓶颈，而拓扑量子计算机可以避免这种情况的发生。因此，我们可以使用两个相关联的马约拉纳准粒子作为量子比特的载体。

只有两个准粒子同时受到干扰，或者相遇并消失，叠加态才会消失。

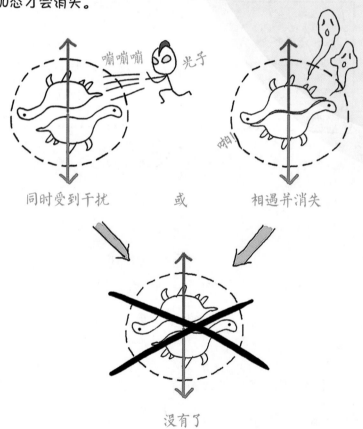

由于固体材料的特殊拓扑性质，这两个准粒子被"囚禁"在材料的两端，以保证它们无法相遇并消失。并且，它们组成的量子比特也不受局域环境的干扰。

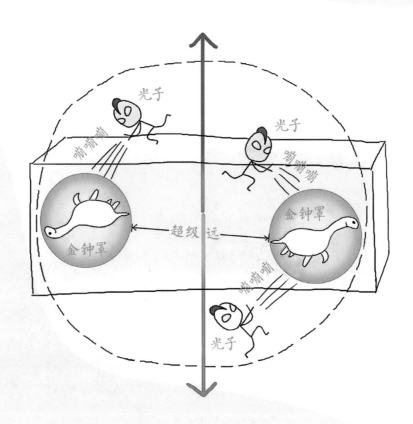

也就是说，鱼塘提供了一种"金钟罩"，让大多数的干扰无效化。只有"破坏"整个材料，量子比特才会被破坏。

拥有了稳定的量子比特还不够，对量子比特进行操作而实现丰富的逻辑计算过程也非常重要。

马约拉纳准粒子有个特性：形成的结果与操作的顺序有关。这使得量子操作的手段更加丰富。

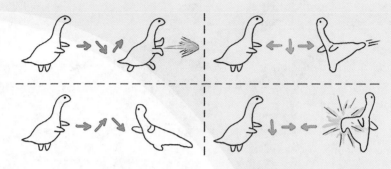

不同的操作顺序，得到不同的变化

总之，谁找到更好的材料、更好地操纵马约拉纳准粒子，谁就在量子计算机的开发上占得先机。

中国科学家此次在铁基超导材料中发现的马约拉纳费米子模式有助于人类早日开发出拓扑量子计算机。

当然，发现马约拉纳准粒子不单是为了开发拓扑量子计算机，我们还有很多问题要问它：

说！
你是从哪里来的？要到哪里去？

你在真实宇宙中的真身在哪里？

中微子和你们是不是一伙的？

暗物质和你有什么关系？

第三章

探寻

宇宙做事的原则

我们除了看宇宙、学宇宙，还要探索宇宙做事的"理"，通过宇宙中的各种现象，总结出宇宙运行的原理。在探索"理"的过程中，科学家还学会了利用这些原则促进人类自身的发展。

本章我们就来聊聊科学家创造出的几个促进人类文明发展的工具和成果。

为了安全，一言不合就换新密码

2016年8月16日，世界首颗量子科学实验卫星"墨子号"发射升空。它利用量子的基本原理，通过卫星和地面站之间的量子密钥分发实现星地量子保密通信，并通过卫星中转实现可覆盖全球的量子保密通信。

量子科学实验卫星上天啦!

量子科学实验卫星是中国科学院空间科学先导专项的第三颗星。

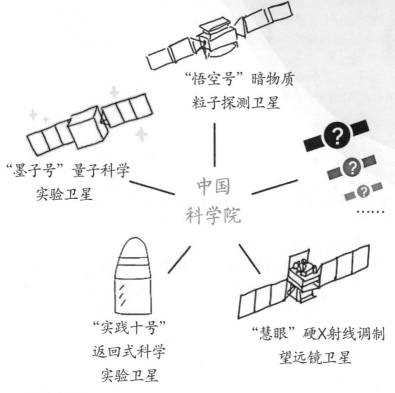

"悟空号"暗物质
粒子探测卫星

"墨子号"量子科学
实验卫星

中国
科学院

"实践十号"
返回式科学
实验卫星

"慧眼"硬X射线调制
望远镜卫星

新闻上说:

　　量子科学实验卫星将完成包括星地高速量子密钥分发、
广域量子通信网络、星地量子纠缠分发及地星量子隐形传态
等多项科学实验任务。

所有字都认识，放在一起就不知道什么意思了……

其实，很简单。量子科学实验卫星主要是用来……

等一等

… … …　让我们先讲个故事… … …

1994年，一篇可能是数学史上最短的数学论文问世了。文章的主体内容仅是一个乘法算式：

129位数

1143816257578888676692357799761466120102182967212423625625618429357069352457338978305971235639587050589890751475992900268795435 41

=

34905295108476509491478496199038 98133417764638493387843990820577

×

32769132993266709549961988190834 46141317764296799294253979828853 3

看瞎了么？

为什么这篇论文这么重要呢？因为它破解了RSA密码体制129位数的密码，而RSA是目前仍被认为最有影响力的公钥加密算法。

1977年，美国的三位科学家罗纳德·李维斯特（Ron Rivest）、阿迪·萨莫尔（Adi Shamir）、伦纳德·阿德曼（Leonard Adleman）一起提出了用于数据加密的RSA公钥加密算法。

它的可靠性是基于一个数学难题：两个质数的乘积计算非常简单，但把乘积因式分解就非常困难了。并且，数越大，越难解。

他们三个人给出了上面提到的129位数，并声称如果有人解出这个数是由哪两个质数相乘得来的，就可以获得隐藏在其中的神秘信息（破译密码）。

李维斯特当年预测，按照人类当时的计算能力，在40000000000000000年之后，人类才能破解密码。

您慢慢数"0"，不急

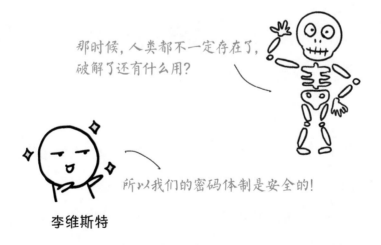

那时候，人类都不一定存在了，破解了还有什么用？

所以我们的密码体制是安全的！

李维斯特

没想到，就在17年后，来自世界五大洲的600多位研究人员使用了约1600台计算机，用了8个月的时间就解出了这个因式分解，并得到隐藏的神秘信息：

> The magic words are
> squeamish ossifrage.

"这条神秘的信息就是挑食的秃鹰。"

说好的安全呢？

李维斯特

都说现在是"信息时代"，无线通信、互联网无处不在，信息满天飞。

那么，怎么保证信息安全呢？

信息加密

加密时，我们把要发送的信息（密码学里把信息的原文叫作"明文"）通过一些变换法则和某些重要参数，变成看起来毫无意义的乱码（密文）。接收信息的人再通过重要参数和变换法则还原出信息的本来面目。

这些重要参数，就是密钥

明文 ⟶ 🔑 ⟶ 密文 ⟶ 🔑 ⟶ 明文

| 秃鹰 | %￥#@*% | 秃鹰 |

信息加密的过程和我们平时锁东西差不多。

通用密码钥匙

上锁　秃鹰

开锁

送快递

既没钥匙
又锯不开

窃密者

黑客即使在密文传递过程中盗取了密文，如果没有重要的参数密钥，他也无法还原出明文。

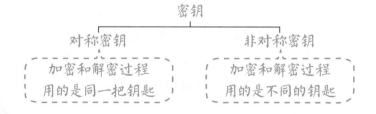

密钥

对称密钥　　　　　　非对称密钥

加密和解密过程
用的是同一把钥匙

加密和解密过程
用的是不同的钥匙

人类一直使用对称密钥来加密信息。直到1976年，这都还是唯一的公开加密法。

千年老字号

对称密钥很好用，不过密钥的分发、保存是个大问题。

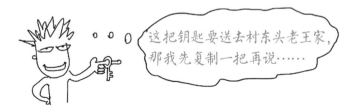

这把钥匙要送去村东头老王家，那我先复制一把再说……

比如，有三个人给你发信息，有3把钥匙需要交给你并由你保管。那么，有没有办法不运输密钥呢?

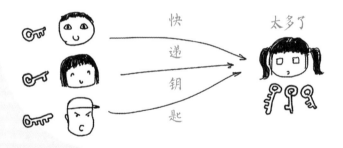

快
递
钥
匙

太多了

对称密钥分发↑

非对称密钥的发明，解决了密钥在运输过程中可能出现的问题。

非对称密钥又称公开密钥加密

1977年，科学家提出RSA公钥加密算法。

就是我们上面提到的算法

多个发送方可以使用同一把钥匙A把明文加密，接收方只需要用另一把钥匙B把密文解密即可。

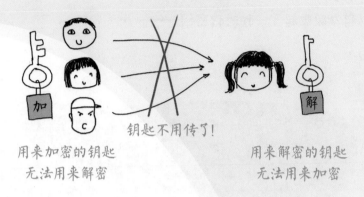

钥匙不用传了！

用来加密的钥匙
无法用来解密

用来解密的钥匙
无法用来加密

非对称密钥分发↑

这样，用来解密的钥匙始终保留在接收方手里而不用担心钥匙在运输中出现的问题，很方便。

非对称密钥的安全性取决于计算安全性。然而，随着计算机计算能力的增强，基于计算安全性的密码不再牢靠。

1977年，号称4万兆年之后人类才能破解的密码，若使用量子计算机，破解仅需

1秒

再让我静静……

李维斯特

如果量子计算机研制成功，那么基于算法的密钥将无密可保！面对量子计算机，世界上没有安全的密码了吗？科学家想起了一种对称密钥——一次一密。

> 一次一密的密码的安全性在数学上被严格证明是绝对安全的。
>
> ——克劳德·艾尔伍德·香农

一次一密的要求：密钥完全随机，

密钥长度和明文长度一样

密钥本身只使用一次。

下次换新的

亲爱的，你一天换一个造型，一点规律都找不到啊……

你懂什么，这叫一次一密。
（小样，想看我素颜？）

和其他对称密钥一样，一次一密的加密方式的密码的运输、保管的成本太高，一直被认为过于理想化，而被人们搁置不用。

每次都要换密码，养你何用！

随着量子力学的发展，人们发现利用量子力学的基本原理，既可以轻松地实现一次一密，又可以保证密钥分发过程绝对安全。

现在，我们可以说量子科学实验卫星主要是用来做什么的了。

量子科学实验卫星主要是用来——

配钥匙

量子科学实验卫星将量子密钥发送给两个地面站，再通过比对建立最终的绝对安全的量子密钥。

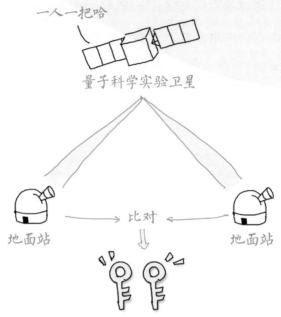

一人一把哈

量子科学实验卫星

比对

地面站　　　　　　　　地面站

建立最终的绝对安全的量子密钥

　　拥有相同量子密钥的两个站，可以把使用量子密钥加密的信息通过邮件、互联网、无线电话等经典的方式传递，而不用担心信息会泄露。

地面站　　　　　　　　地面站

为什么要发射卫星、在太空中配钥匙？

　　在量子通信里面，信号传播的载体都是单个的光子，不能被放大。

这是由量子力学自身的特性决定的。

在大气或光纤中传播，光信号会衰减，传输到100多公里的时候，信号基本衰减得差不多了，所以量子通信的距离受到很大限制。想传输得更远，需要不断地建立更多的中继站。

要消失了⋯⋯

0千米　　　　　50千米　　　　　100千米

发射量子卫星，光信号仅通过10千米左右的大气层，信号衰减很少，可以将通信范围扩展到全球。

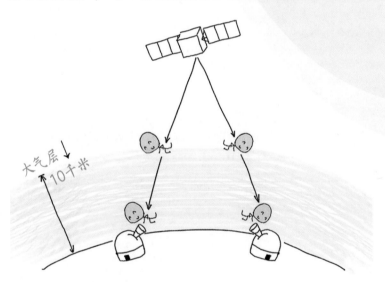

大气层↓
10千米

量子科学实验卫星除了配钥匙这项工作外，还会进行多个量子力学实验，包括用史上最远距离的量子纠缠分发来检验贝尔不等式，进一步验证量子力学的正确性。此外，另外一种直接传输量子比特的量子通信方式——量子隐形传态也是实验的主要项目之一。

量子科学实验卫星会带来多少改变我们生活的成果呢?

让我们拭目以待!

量子力学如何实现一次一密,又如何保证密钥分发过程绝对安全?量子隐形传态又是什么?想了解这些,请看下一个故事。

看下一页

量子密钥的秘密

　　"墨子号"所谓无法破解的钥匙，应用了"多光子纠缠及干涉度量"这一成果。"多光子纠缠及干涉度量"项目获得了2015年的国家自然科学奖一等奖。

多光子纠缠及干涉度量是啥?

自从做了"寻找暗物质"专题,小编就走上了"灵魂"科普的不归路……

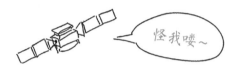

怪我喽~

这回获得国家自然科学奖一等奖的多光子纠缠及干涉度量项目属于量子信息科学技术领域的研究,这可难不倒小编。毕竟小编当年两次量子力学考试得过90分呐!

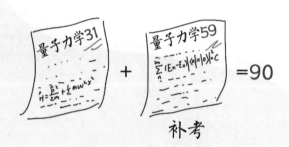

补考

先"甩"几个概念给大家,过会儿有用。

1. 什么是量子?

能量等物理量可以被分成一份一份的,直到被分到无法再分割的小块,我们就把这个小块叫作量子。

2. 光子也是一种量子

我们日常见到的光线是由很多光子组成的。

3. 量子不可克隆

人们无法对一个不知道其状态的量子进行复制。量子不可克隆定理确保了量子态的安全性，使得窃听者不能采取信息复制的方法来获得合法用户的信息。

4. 量子纠缠态

生存还是死亡，
这是个问题

*薛定谔的猫，

大家还有印象吧？

整个系统处在毒药瓶是不是破了和猫是生是死的叠加态。

整个系统的状态
=毒药瓶破了 ⊗ 猫死了+毒药瓶没破 ⊗ 猫活着

⊗ 表示"并且"

这种关联状态就是量子纠缠态

在你打开箱子观测的那一刻，某个状态就被确定了，而另一种状态就消失了。

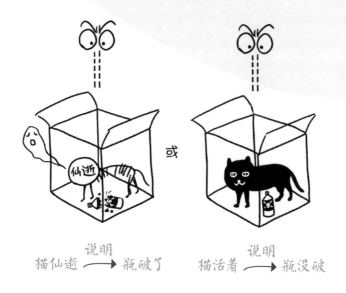

或

猫仙逝 —说明→ 瓶破了　　猫活着 —说明→ 瓶没破

再抽象一点
〜 展开想象的翅膀 〜

在量子世界，两个处在纠缠态的粒子一旦分开，无论分开多远，如果对其中一个粒子作用，则另一个粒子就会立即发生变化，且是瞬时变化。

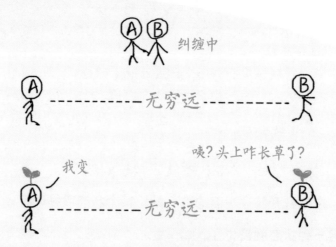

好了，恭喜您已经掌握了基本概念，可以进阶到量子通信了。✌

量子通信有两个方向:

量子隐形传态利用纠缠直接传输量子信息。

量子密钥分发利用量子态不可克隆来做量子密码，给经典信息加密。

===== 量子大讲堂 =====

第一回合:量子隐形传态

Q: 信息发送者A想把包含量子信息的光子γ发送给信息接收者B，总共需要几步?

A: 三步。

第一步，分别让A和B拿上处在量子纠缠态的光子α、光子β。

第二步，A通过自己手中纠缠态的光子α去测量某个包含信息的光子γ，然后把测量方法告诉B。

第三步，B再通过这种方法测量手中的光子β。这时B手中的光子β已经拥有与光子γ同样的隐形信息态。

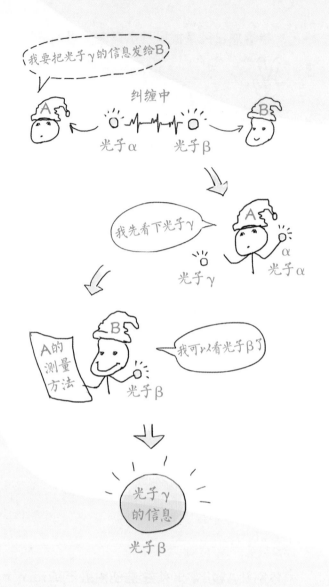

　　这种情况在经典世界中是不可能实现的，但在量子力学的世界却是可以实现的。所用的核心理论就是量子隐形传态。量子隐形传态使用了量子力学的特性。接收者B在拥有纠缠态的光子和发送者A的测量方法后，可以制造出原物的完美复制品。

完美!

第二回合:量子密钥分发

Q: 信息发送者A想和信息接收者B共

享量子密码,总共需要几步?

A: 还是三步。

第一步, A把一个个独立的单光子发给B, 一边发一边
测量单光子的状态, 并把自己的测量方法记录
下来。

第二步, B把收到的光子也测量一遍, 然后把每个光子的
测量方法通过经典信道告诉A。

第三步, A把B的测量方法和自己的测量方法做对比, 保
留测量方法相同的光子, 去掉测量方法不同的光
子。留下这些光子的测量结果, 就构成了量子
密码。

注：▢▢ 为两种不同的测量方法，♁ 为光子

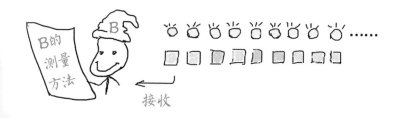

比对A和B的测量方法，留下测量方法相同的光子。

量子密码生成！

　　现在的密钥都基于非常复杂的数学算法。但只要是通过算法加密的，人们就可以通过计算进行破解（就是多加几台计算机的事儿）。

量子密钥分发可以建立安全的通信密码，通过一次一密的加密方式实现点对点方式的安全经典通信。量子密钥分发的安全性在数学上已经获得严格证明，这是经典通信迄今做不到的。

目前，真实系统没有理想的单光子源，采用的是近似单光子源。传输损耗不但限制了量子密钥分发的距离，而且为窃听者提供了窃听机会。

不过这些问题
都被科学家们解决了！

以上就是量子通信的基本原理。

终于要进入应用了

要把量子通信技术带入现实应用什么是最关键的呢？

这就涉及我们这个大奖的工作了。

注意：下面提到的成果都是由中国科学技术大学的科研团队完成的。

多光子纠缠

在实际应用中，仅有两个处于纠缠态的光子是不够的。如果要实现更复杂的多步骤量子计算或多用户的实时保密通信，需要实现**多光子纠缠**。

2004年，中国科学技术大学的科研团队实现对**五光子纠缠**的操纵，首次达到量子纠错必需的比特数目。并且，他们又在2007年、2010年和2012年三次打破并刷新自己的记录，率先实现**六光子纠缠**、**五光子十比特超纠缠**和**八光子纠缠**。

量子密钥分发

中国科学技术大学的科研团队全面发展了面向实用化保密量子通信的光量子传输方法，首次克服实用量子通信的两大安全隐患。

并且，他们还从理论上提出并实验实现了可升级量子中继基本单元，使得量子通信在城际之间的实用化成为可能。他们实现了**百公里量级的纠缠分发**和**量子隐形传态**，为未来实现基于星地量子通信的全球化量子网络奠定了科学基础和技术基础。

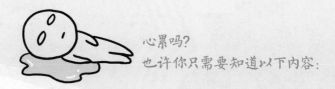

心累吗？
也许你只需要知道以下内容：

❶

量子通信安全，安全，绝对安全！

❷

中国在量子通信研究领域处在世界领先地位。

❸

中国科学技术大学因多光子纠缠及干涉度量项目获得

2015年度的国家自然科学奖一等奖。

❹

2016年，我国发射了全球首颗量子科学实验卫星。

❺

全球首条量子保密通信干线——"京沪干线"大尺度光纤

量子通信骨干网也于2017年9月29日正式开通。

各位别光看，赶紧给小编加个鸡腿补补吧！

吃出来的肉迟早是要还的

2016年4月6日1时38分，我国首颗微重力科学实验卫星——"实践十号"返回式科学实验卫星发射成功。"实践十号"利用太空的微重力，在太空中完成多项微重力科学和空间生命科学实验。

吃进来的肉,
迟早要饿回去?

不,试试微重力!

当今社会,无论男生女生,
很多人都想要一个苗条的
身材。

满脑子都是减肥

62.9

0.0

每天盯着体重秤的显示屏,
甚至恨不得示数降到零。

小编告诉你一个体重速降的办法

运动!

跟没说一样

我说的运动不是让你去健身房流汗，而是让你站在电梯里的体重秤上和电梯一起做运动。

如果在这时候切断电梯的缆绳，恭喜你，你看到体重秤上显示屏的示数会降到接近于0。

切勿模仿!

好哇!

0.0千克

不过告诉你，这么做只是显示屏上的示数减小了，其实你的体重没啥变化!

你还是那么胖!

虽然你的胖瘦没有什么变化，但你会体验到和在太空中的宇航员一样的感受。

（所以千万别模仿……）

那就是——"微重力"

科学家研究发现，宇宙中的各种物质之间的基本相互作用可以归结为以下四种：

引力相互作用　　电磁相互作用

弱相互作用　　强相互作用

弱相互作用和强相互作用只在原子核尺度起作用，范围很小，所以它俩是短程力。引力和电磁相互作用可以在宏观世界起作用，从理论上说，它俩的作用范围无限，是长程力。

电磁力及因地球引力而产生的重力影响着我们生活的方方面面。人们早就能把电和磁屏蔽掉来观察物体的各种特征。

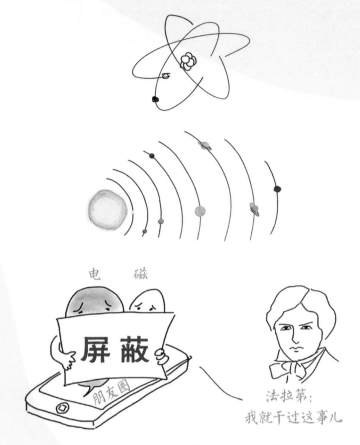

电 磁

屏蔽

朋友圈

法拉第:
我就干过这事儿

可是至今人们都没有办法把重力屏蔽掉。

 电磁力

不让他看我的朋友圈。

 重力

按钮消失了

不让他看我的朋友圈。

人造地球卫星发射成功以后，科学家发现卫星上的物体

处于接近失重的状态，或者说处于微重力作用下的状态。

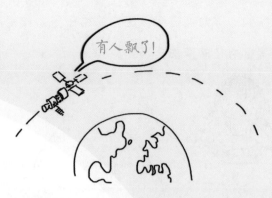

在微重力条件下，除了经常看到物体的飘浮现象外，还有许多人们想象不到的现象。

比如，在地球表面，气体由于重力的作用会形成对流。

较轻的气 ↑　较重的气 ↓

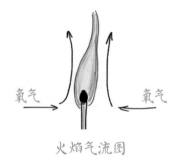

氧气 →　　← 氧气

火焰气流图

火焰燃烧使周围气体变轻上升，使火焰形成泪滴状的样子。从底部不断补充的氧气也让火焰充分燃烧，火焰的颜色呈黄色。

而在太空微重力条件下，气体对流现象非常微弱。

较轻的气　较重的气

火焰气流图

火焰几乎不受气流影响，形成一个接近完美的球形，没有足够的氧气帮助燃烧，火焰的颜色也呈蓝色。

类似的，浮力、沉降、压力等由于重力作用产生的现象，在微重力条件下都会消失。

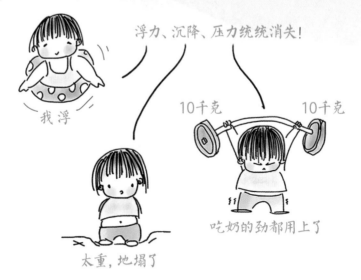

浮力、沉降、压力统统消失！

我浮

10千克　　10千克

吃奶的劲都用上了

太重，地塌了

这些现象的消失也会显著影响生命体，导致生命活动和生理行为发生显著改变。曾经就有一位52岁的美国宇航员由于在太空微重力环境下生活了300多天，结果长高了5厘米。

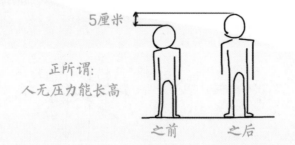

5厘米

正所谓：
人无压力能长高

之前　　　之后

这些现象催生出两个近年来迅速发展的新研究方向：微重力科学、空间生命科学。怎么去研究呢？人造地球卫星无疑是理想的选择。

我国第一颗专门用于微重力科学和空间生命科学的科学卫星——"实践十号"上天啦。"实践十号"的全称叫"实践十号"返回式科学实验卫星。

还记得暗物质粒子探测卫星"悟空号"吗？它们同属中国科学院空间科学先导专项。

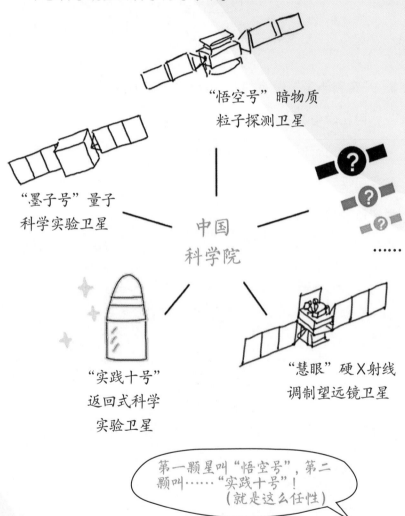

"悟空号"暗物质
粒子探测卫星

"墨子号"量子
科学实验卫星

中国
科学院

"实践十号"
返回式科学
实验卫星

"慧眼"硬X射线
调制望远镜卫星

第一颗星叫"悟空号"，第二颗叫……"实践十号"！
（就是这么任性）

"实践十号"和常见的卫星不太一样,它有点像放大了的子弹头。

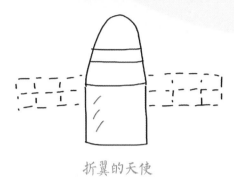

折翼的天使

"实践十号"没有翅膀,因为它的飞行时间只有十几天,用化学电池就行了,不用太阳能供电。

别看飞行时间短,"实践十号"可完成了19项科学实验项目呢,其中有微重力科学实验项目10项、空间生命科学实验项目9项。

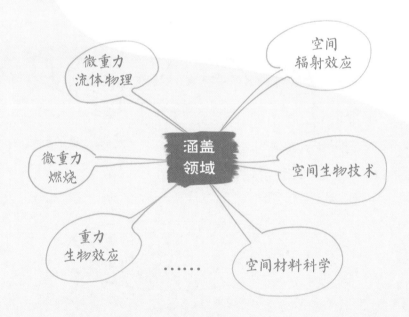

它是目前我国单次搭载空间实验项目最多的卫星。

"实践十号"有两个舱：

回收舱在完成任务后会带着部分实验样品返回地面，留轨舱则会继续留在太空中完成其余实验。

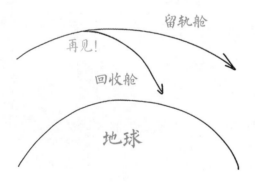

跟随"实践十号"回来的，很可能是我国材料科学、生命科学领域的最新进步。

后　记

条漫是这样完成的
——编辑部的日常

　　构思创意和画画的过程是痛苦的，但想出一个巧妙的比喻、设计出一个有趣的场景、碰撞出新的灵感又是欣喜的。出书的动力源于热爱。小编们热爱科学，也想通过这些轻松愉快的内容让正在看书的你也爱上科学。